上海市工程建设规范

结构混凝土抗压强度检测技术标准

Technical standard for inspection of structure concrete compressive strength

DG/TJ 08—2020—2020
J 11027—2021

主编单位：上海市建设工程检测行业协会
批准部门：上海市住房和城乡建设管理委员会
施行日期：2021 年 5 月 1 日

同济大学出版社

2021 上海

图书在版编目(CIP)数据

结构混凝土抗压强度检测技术标准/上海市建设工程检测行业协会主编. —上海：同济大学出版社，2021.4

ISBN 978-7-5608-9820-9

Ⅰ.①结… Ⅱ.①上… Ⅲ.①结构混凝土-抗压强度-检测-技术标准 Ⅳ.①TU37-65

中国版本图书馆 CIP 数据核字(2021)第 042073 号

结构混凝土抗压强度检测技术标准

上海市建设工程检测行业协会 **主编**

策划编辑 张平官
责任编辑 朱 勇
责任校对 徐春莲
封面设计 陈益平

出版发行 同济大学出版社 www.tongjipress.com.cn
(地址:上海市四平路 1239 号 邮编：200092 电话:021-65985622)
经 销 全国各地新华书店
印 刷 浦江求真印务有限公司
开 本 889mm×1194mm 1/32
印 张 2.125
字 数 57 000
版 次 2021 年 4 月第 1 版 2021 年 11月第 2 次印刷
书 号 ISBN 978-7-5608-9820-9
定 价 20.00 元

上海市住房和城乡建设管理委员会文件

沪建标定〔2020〕661号

上海市住房和城乡建设管理委员会
关于批准《结构混凝土抗压强度检测技术标准》
为上海市工程建设规范的通知

各有关单位：

由上海市建设工程检测行业协会主编的《结构混凝土抗压强度检测技术标准》，经我委审核，现批准为上海市工程建设规范，统一编号为DG/TJ 08—2020—2020，自2021年5月1日起实施。原《结构混凝土抗压强度检测技术规程》(DG/TJ 08—2020—2007)同时废止。

本规范由上海市住房和城乡建设管理委员会负责管理，上海市建设工程检测行业协会负责解释。

特此通知。

上海市住房和城乡建设管理委员会

二〇二〇年十一月十三日

前 言

根据上海市城乡建设和管理委员会《关于印发〈2015年上海市工程建设规范编制计划的通知〉》(沪建管〔2014〕966号)的要求,由上海市建设工程检测行业协会会同相关单位组成编制组,经总结实际应用经验,分析试验验证结果,参考国家及行业有关标准,并在广泛征求意见的基础上,对《结构混凝土抗压强度检测技术规程》DG/TJ 08—2020—2007进行了修订。

本标准主要内容包括:总则;术语和符号;基本规定;回弹法检测结构混凝土抗压强度;超声回弹综合法检测结构混凝土抗压强度;钻芯法检测结构混凝土抗压强度。

本次修订的主要内容有:①新增了基本规定章节;②新增了数字回弹仪的相关要求;③增加了回弹法、超声回弹综合法测区的补充要求;④修改了回弹法、超声回弹综合法推定混凝土抗压强度的统计计算方法和推定值表述;⑤修改和补充了钻芯法芯样的技术条件要求,增加了芯样试件抗压试验的控制要求;⑥修改了钻芯法混凝土抗压强度推定区间系数表。

各有关单位及相关人员在执行本标准过程中,若发现问题或有意见和建议,请反馈至上海市住房和城乡建设管理委员会(地址:上海市大沽路100号;邮编:200003;E-mail:bzgl@zjw.sh.gov.cn),上海市建设工程检测行业协会(地址:上海市中山南二路777弄1号楼1201室;邮编:200032;E-mail:scetiamq@126.com),上海市建筑建材业市场管理总站(地址:上海市小木桥路683号;邮编:200032;E-mail:bzglk@zjw.sh.gov.cn),以供今后修订时参考。

主 编 单 位:上海市建设工程检测行业协会

参 编 单 位:同济大学

上海同济检测技术有限公司

上海众材工程检测有限公司

上海中测行工程检测咨询有限公司

上海市嘉定区建设工程质量检测中心

上海长柠建设工程质量检测有限公司

上海城建物资有限公司

上海建工材料工程有限公司

主要起草人:缪　群　李为杜　童寿兴　方之枰　朱文献

鲍　逸　戴　斌　公延平　龚　勇　王志明

金维芬　李欢欢　吴德荣　秦　廉　朱敏涛

主要审查人:黄永进　俞海勇　吴　杰　翁友法　施天敏

徐　骏　郭　丽

上海市建筑建材业市场管理总站

目　次

1　总　则 ………………………………………………………… 1
2　术语和符号 ……………………………………………………… 2
　2.1　术　语………………………………………………………… 2
　2.2　符　号………………………………………………………… 3
3　基本规定 ………………………………………………………… 5
4　回弹法检测结构混凝土抗压强度 ……………………………… 7
　4.1　回弹仪………………………………………………………… 7
　4.2　回弹测区布置………………………………………………… 9
　4.3　回弹值检测与计算 …………………………………………… 10
　4.4　碳化深度值检测 ……………………………………………… 12
　4.5　混凝土抗压强度的计算与推定 ……………………………… 13
5　超声回弹综合法检测结构混凝土抗压强度 …………………… 16
　5.1　回弹仪 ………………………………………………………… 16
　5.2　混凝土超声波检测仪 ………………………………………… 16
　5.3　回弹值检测与计算 …………………………………………… 17
　5.4　超声声速检测与计算 ………………………………………… 17
　5.5　混凝土抗压强度的计算与推定 ……………………………… 19
6　钻芯法检测结构混凝土抗压强度 ……………………………… 20
　6.1　主要设备 ……………………………………………………… 20
　6.2　芯样的钻取 …………………………………………………… 20
　6.3　芯样的加工及试件的技术要求 ……………………………… 21
　6.4　芯样试件的试验 ……………………………………………… 22

6.5 混凝土抗压强度的推定 …………………………………… 23
附录A 建立回弹法、超声回弹综合法混凝土测强曲线的基本要求 ……………………………………………………… 26
附录B 用实测空气声速法校准超声仪 ……………………… 28
附录C 超声波角测、平测及其声速计算方法 ……………… 29
附录D 钻芯法混凝土抗压强度推定区间系数表 ………… 32
本标准用词说明 ………………………………………………… 34
引用标准名录 …………………………………………………… 35
条文说明 ………………………………………………………… 37

Contents

1 General provisions ································· 1
2 Terms and symbols ································· 2
2.1 Terms ································· 2
2.2 Symbols ································· 3
3 General requirements ································· 5
4 Rebound method to estimate concrete compressive strength ································· 7
4.1 Rebound hammer ································· 7
4.2 Test area arrangement ································· 9
4.3 Rebound test and calculation ································· 10
4.4 Carbonation depth test ································· 12
4.5 Calculation and estimation of concrete compressive strength ································· 13
5 Ultrasonic-rebound combined method to estimate concrete compressive strength ································· 16
5.1 Rebound hammer ································· 16
5.2 Concrete ultrasonic tester ································· 16
5.3 Rebound test and calculation ································· 17
5.4 Ultrasonic velocity test and calculation ································· 17
5.5 Calculation and estimation of concrete compressive strength ································· 19
6 Drill core drilling method to estimate concrete compressive strength ································· 20
6.1 Main equipments ································· 20

6.2 Drilling a core ··· 20
6.3 Processing and technical requirements of core specimen ··· 21
6.4 Compressive test ··· 22
6.5 Estimation of concrete compressive strength ········ 23
Appendix A Essential requirements of establishing concrete compressive strength curve by rebound method or ultrasonic-rebound combined method ····· 26
Appendix B Calibrating ultrasonic tester by measuring ultrasonic velocity in air ··· 28
Appendix C Determination of pulse velocity by semi-direct transmission and surface transmission ········ 29
Appendix D Estimation interval coefficient table of concrete compressive strength ··· 32
Explanation of wording in this standard ··· 34
List of quoted standards ··· 35
Explanation of provisions ··· 37

1 总 则

1.0.1 为适应本市采用非破损方法检测结构混凝土抗压强度的要求，保证检测工作规范性和准确性，制定本标准。

1.0.2 本标准适用于回弹法、超声回弹综合法、钻芯法检测结构中普通混凝土抗压强度。

1.0.3 当对结构混凝土抗压强度有疑义或有检测需要时，可选用本标准制定的相应方法检测或推定结构混凝土的抗压强度，并作为混凝土结构处理的依据之一。

1.0.4 结构混凝土抗压强度检测除应符合本标准外，尚应符合国家、行业和本市现行有关标准的规定。

2 术语和符号

2.1 术 语

2.1.1 普通混凝土 ordinary concrete

干表观密度为(2 000～2 800)kg/m^{3}的混凝土。

2.1.2 测区 test area

结构或构件混凝土强度检测时,布置在结构或构件表面上的一个测试单元。

2.1.3 测点 test point

测区内的检测点。

2.1.4 测区混凝土抗压强度换算值 conversion value of concrete compressive strength of test area

由测区的测试数据代表值按测强曲线计算得到该测区现龄期的混凝土抗压强度值。

2.1.5 混凝土抗压强度推定值 estimation value of concrete compressive strength

对样本中每个个体的检测值进行统计分析并应用一定的规则得到的代表结构或构件混凝土抗压强度总体性能的统计值。

2.1.6 回弹仪率定 rebound equipment rating

回弹仪使用前后或使用过程中,在洛氏硬度 HRC 为60±2的钢砧上对回弹仪标准状态进行校验。

2.1.7 超声回弹综合法 ultrasonic-rebound combined method

根据实测声速值和回弹值综合推定混凝土抗压强度的方法。

2.1.8 置信度 confidence level

被测试值的真值落在某一区间的概率。

2.1.9 芯样试件标称直径 nominal diameter of core specimen

以薄壁钻头内径为标准的芯样试件直径。

2.1.10 标准芯样试件 standard core specimen

端面和质量符合要求的标称直径为 100 mm 且高径比为 1.00的芯样试件。

2.1.11 推定区间 estimate interval

由上限值和下限值构成的认为被测值和真值落在其中概率较大的区间。

2.1.12 随机抽取 draw an item at random

从 n 个个体组成的总体中抽取一个个体,若总体中的每一个个体被抽取的几率都相等,则称这种抽取方法为随机抽取。

2.2 符 号

A——芯样试件抗压截面面积;

D——芯样试件的平均直径;

d_{m}——构件的碳化深度平均值;

$d_{m,i}$——第 i 个测区的碳化深度平均值;

F_{c}——芯样试件试验测得的最大压力;

f_{cor}^{c}——混凝土芯样试件抗压强度换算值;

f_{cor}^{o}——混凝土芯样试件的抗压强度实测值;

f_{cu}^{o}——混凝土立方体试件的抗压强度实测值;

$f_{cu,e}$——混凝土抗压强度推定值;

$f_{cu,e1}$——混凝土抗压强度推定上限值;

$f_{cu,e2}$——混凝土抗压强度推定下限值;

$f_{cu,i}^{c}$——第 i 个测区的混凝土抗压强度换算值;

$f_{cu,min}^{c}$——测区混凝土抗压强度换算值的最小值;

H——芯样试件的高度；

k_1,k_2——推定区间的上限值系数和下限值系数；

l_i——第 i 个测点的超声测距；

$m_{f^c_{cor}}$——混凝土芯样试件抗压强度换算值的平均值；

$m_{f^c_{cu}}$——混凝土抗压强度换算值的平均值；

R——测区回弹值代表值；

R_i——第 i 个测点的有效回弹值；

R_a——修正后的测区回弹值代表值；

R_a^t,R_a^b——测量混凝土浇筑顶面、底面时的测区回弹修正值；

$R_{a\alpha}$——测试角度为 α 时测区回弹修正值；

s_{cor}——芯样试件强度样本的标准差；

$s_{f^c_{cu}}$——测区混凝土抗压强度换算值的标准差；

T_k——空气的摄氏温度；

t_i——第 i 个测点的声时值

t_0——声时初读数；

v——测区混凝土中声速代表值；

v_a——修正后的测区混凝土声速代表值；

v_d——混凝土对测声速值；

v_i——第 i 个测点的声速值；

v_k——空气中声速计算值；

v_0——空气中声速实测值；

v_p——混凝土平测声速值；

α——回弹仪测试角度；

β——超声测试面的声速修正系数；

λ——平测声速修正系数；

Δ_f——局部修正量。

3 基本规定

3.0.1 工程检测前，宜取得下列相关资料信息：

1 工程名称和设计、施工、建设、监理、委托单位名称。

2 结构或构件名称、规格尺寸、数量及施工图纸。

3 水泥的品种、强度等级，砂石的品种、粒径，外加剂、掺合料的品种，混凝土设计强度等级和混凝土配合比等。

4 模板类型，脱模剂品种，混凝土浇筑、养护情况和浇筑日期等。

5 结构或构件检测原因。

3.0.2 回弹法、超声回弹综合法检测的混凝土应符合下列条件：

1 混凝土用水泥应符合现行国家标准《通用硅酸盐水泥》GB 175 的要求。

2 混凝土用砂、石应符合现行行业标准《普通混凝土用砂、石质量及检验方法标准》JGJ 52 的要求。

3 混凝土用外加剂、掺合料、拌合用水符合国家现行有关标准的要求。

4 采用普通成型工艺。

5 自然养护龄期为(14～1 500) d；若经蒸汽养护，出池后自然养护的龄期不少于 7 d。

6 混凝土抗压强度为(10～65) MPa。

7 混凝土结构内外质量有明显差异或存在缺陷的部位，不适合用回弹法、超声回弹综合法进行检测。

3.0.3 钻芯法可用于结构混凝土设计强度等级为 C10～C80 的普通混凝土抗压强度检测。钻芯法可单独用来推定结构或构件混凝土抗压强度，或作为钻芯修正法与其他混凝土抗压强度检测方法配合使用。

3.0.4 对检测结果有争议时，可采用钻芯法检测或修正。

4 回弹法检测结构混凝土抗压强度

4.1 回弹仪

4.1.1 测定回弹值应采用指针直读式或数字式中型回弹仪。回弹仪应具有产品合格证和计量校准证书。

4.1.2 回弹仪应符合下列标准状态的要求：

1 水平弹击时，在弹击锤脱钩的瞬间，回弹仪的标准能量应为2.207 J。

2 弹击锤与弹击杆碰撞的瞬间，弹击拉簧应处于自由状态，此时弹击锤起跳点应位于刻度尺的“0”处。

3 在洛氏硬度为HRC 60±2，弹击面平整光滑的钢砧上校验回弹仪的率定值应为80±2。

4 数字式回弹仪应带有指针直读示值系统；数字显示的回弹值与指针直读示值相差不应超过1。

4.1.3 回弹仪使用时的环境温度宜为(−4～40)℃。

4.1.4 回弹仪校准有效期为半年。当遇到下列情况之一时，回弹仪使用前应进行校准：

1 新回弹仪启用前。

2 超过校准有效期。

3 更换主要零件后。

4 回弹仪经维修后。

4.1.5 当遇到下列情况之一时，应在钢砧上进行率定试验：

1 回弹仪当天使用前、后。

2 测试过程中对回弹值有怀疑时。

当仪器率定值不在80±2的范围内时，应对回弹仪进行常规保养后再进行率定。

4.1.6 回弹仪的率定试验，宜在气温为(5～35)℃的条件下进行，率定时钢砧应稳固地平放在刚度大的实体上。

率定试验应分4个方向进行，每个方向弹击前，弹击杆应旋转90°，取连续向下弹击3次的稳定回弹值计算平均值，计算结果取整数；弹击杆依次旋转90°，每次重复上述操作，4次计算的回弹平均值均应符合本标准第4.1.2条第3款的要求。

率定试验用钢砧应定期进行检验，以满足其标准状态。

4.1.7 检测过程中，回弹仪的纵轴线应始终与被测混凝土表面保持垂直，且应符合回弹仪操作的规定。

4.1.8 回弹仪每次使用完毕后，应及时进行维护。先使弹击杆伸出机壳，清除外壳和弹击杆上的污垢和尘土。回弹仪不用时，应在弹击后将弹击杆压入仪器内，然后用按钮锁住机芯，装入机箱，平放在干燥阴凉处。

4.1.9 回弹仪有下列情况之一时，应进行常规保养：

1 弹击超过2 000次。

2 对检测值有怀疑时。

3 在钢砧上的率定值不合格。

4.1.10 常规保养步骤与要求：

1 首先使弹击锤脱钩，取出机芯。然后卸下弹击杆、中心导杆(连同导向法兰)、缓冲压簧、刻度尺、指针轴和指针。

2 用清洗剂清洗机芯的中心导杆、弹击拉簧、拉簧座、弹击杆及其内孔和冲击面、指针滑块及其内孔、指针片、指针轴、刻度尺、卡环及仪器外壳的内壁和指针导槽。

3 经过清洗的零部件，除中心导杆需薄薄地抹上一层20号机油外，其他零部件均不得涂油。

4 清理机壳内壁，卸下刻度尺，检查指针，其摩擦力应在(0.5～0.8) N，并保持弹击拉簧前端钩入拉簧座的原孔位。

5 不得旋转尾盖上已定位紧固的调零螺丝。

6 不得自制或更换零部件。

7 对于数字式回弹仪，还应按产品要求的程序进行维护保养。

8 常规保养后的回弹仪应按本标准第4.1.6条进行率定。

4.2 回弹测区布置

4.2.1 测区应符合下列规定：

1 当按单个构件检测时，每个构件上的测区数不应少于10个；当受检构件某一方向尺寸不大于4.5 m且另一方向尺寸不大于0.3 m时，每个构件测区数量可适当减少，但不应少于5个。

2 对同批构件按批抽样检测时，被测构件应随机抽取，抽样数量不应少于同批构件的30%且不应少于10件，每个构件测区数应符合本条第1款规定；当受检构件数量大于30件且不需提供单个构件推定强度时，每个构件测区数量可适当减少，但不应少于5个。

4.2.2 当按批抽样检测时，符合下列条件的构件可作为同批构件：

1 混凝土强度等级相同。

2 混凝土原材料、配合比、成型工艺、养护条件及龄期基本相同。

3 构件种类相同。

4 在施工阶段所处状态相同。

4.2.3 测区布置时，应满足下列要求：

1 测区宜布置在构件混凝土浇筑方向两个对称的侧面，也可选在一个可测的侧面。

2 测区均匀分布，相邻两测区的间距不应大于2 m。

3 测区应避开钢筋密集区和预埋件。

4 测区尺寸宜为200 mm×200 mm。

5 测试面应清洁、平整、干燥，不应有接缝、饰面层、浮浆和油垢，并避开蜂窝、麻面部位；必要时，可用砂轮片清除杂物和磨平不平整处，并清除残留粉尘。

6 测试面为非平面时，曲率半径不应小于250 mm。

4.2.4 测区宜注明编号，并记录测区位置和外观质量情况。

4.3 回弹值检测与计算

4.3.1 回弹值检测过程中，应使回弹仪的轴线垂直于混凝土浇筑方向侧面并保持水平。如不具备浇筑方向侧面水平测试的条件，可采用非水平状态检测，或检测混凝土浇筑的顶面或底面，此时，回弹值应按本标准表4.3.5和表4.3.6加以修正。

4.3.2 测量回弹值应在每个测区内弹击16点；综合法检测时，应在超声波的发射和接收换能器所在测区内各弹击8点；超声波单面平测时，可在每个测区内各超声测点附近弹击16点。每一测点的回弹值读数应精确至1。

4.3.3 测点在测区范围内宜均匀布置，但不得布置在气孔或外露石子上。相邻两测点的间距不宜小于30 mm；测点距构件边缘或外露钢筋、预埋件的距离不应小于50 mm。同一测点只允许弹击1次。

4.3.4 测区回弹代表值应从该测区的16个回弹值中剔除3个较大值和3个较小值，其余10个有效回弹值应按下式计算：

$$R=\frac{1}{10}\sum_{i=1}^{10}R_i \tag{4.3.4}$$

式中：R ——测区回弹代表值，取有效检测数据的平均值，精确至0.1；

R_i ——第 i 个测点的有效回弹值。

4.3.5 非水平状态下测得的回弹值,应按下式修正:

$$R_a = R + R_{a\alpha} \tag{4.3.5}$$

式中:R_a ——修正后的测区回弹代表值,精确至0.1;

$R_{a\alpha}$ ——测试角度为α时的测区回弹修正值,按表4.3.5的规定采用。

表4.3.5 非水平状态下检测时的回弹修正值

测试角度 / $R_{a\alpha}$ / R	α 回弹仪向上				α 回弹仪向下			
	+90°	+60°	+45°	+30°	−30°	−45°	−60°	−90°
20	−6.0	−5.0	−4.0	−3.0	+2.5	+3.0	+3.5	+4.0
25	−5.5	−4.5	−3.8	−2.8	+2.3	+2.8	+3.3	+3.8
30	−5.0	−4.0	−3.5	−2.5	+2.0	+2.5	+3.0	+3.5
35	−4.5	−3.8	−3.3	−2.3	+1.8	+2.3	+2.8	+3.3
40	−4.0	−3.5	−3.0	−2.0	+1.5	+2.0	+2.5	+3.0
45	−3.8	−3.3	−2.8	−1.8	+1.3	+1.8	+2.3	+2.8
50	−3.5	−3.0	−2.5	−1.5	+1.0	+1.5	+2.0	+2.5

注:1. 当测试角度等于0°时,修正值为0;R小于20或大于50时,分别按20或50查表。

2. 表中未列数值,可采用内插法求得,精确至0.1。

4.3.6 在混凝土浇筑的顶面或底面测得的回弹值,应按下列公式修正:

$$R_a = R + R_{a\alpha} + R_a^t \tag{4.3.6-1}$$

$$R_a = R + R_{a\alpha} + R_a^b \tag{4.3.6-2}$$

式中:R_a^t,R_a^b ——混凝土浇筑顶面、底面回弹值的修正值,应按表4.3.6的规定采用。

表 4.3.6　检测混凝土浇筑顶面或底面时的回弹修正值 R_a^t，R_a^b

测试面 / $R+R_{a\alpha}$	顶　面　R_a^t	底　面　R_a^b
20	+2.5	−3.0
25	+2.0	−2.5
30	+1.5	−2.0
35	+1.0	−1.5
40	+0.5	−1.0
45	0	−0.5
50	0	0

注：1. $R+R_{a\alpha}$ 小于 20 或大于 50 时，分别按 20 或 50 查表。
2. 表中未列数值，可采用内插法求得，精确至 0.1。

4.3.7　检测时回弹仪处于非水平状态，同时测试面又非混凝土浇筑方向的侧面时，则应对测得的回弹值先进行角度修正，然后对角度修正后的值再进行顶面或底面修正。

4.4　碳化深度值检测

4.4.1　回弹值检测后，应在有代表性的测区内测量碳化深度值，测点数应不少于该构件测区数的 30%，且不少于 3 个，取其平均值 d_m 作为该构件的碳化深度值，精确至 0.5 mm。当碳化深度值极差大于 2.0 mm 时，应在每一测区测量碳化深度值。

4.4.2　测量碳化深度值时，可用合适的工具在测区表面钻成直径约 15 mm 的孔洞，其深度大于 6 mm，然后除净孔洞中的粉末和碎屑，不得用水冲洗，并立即用浓度约为 2%酚酞酒精溶液滴在孔洞内壁的边缘处，再用深度测量工具测量已碳化和未碳化混凝土交界面到混凝土表面的垂直距离不少于 3 次，每次读数精确至0.25 mm，取其平均值 $d_{m,i}$ 作为该测点的碳化深度值，精确至0.5 mm。

4.5 混凝土抗压强度的计算与推定

4.5.1 按本标准第4.3.5条和第4.3.6条的规定求得修正后的测区回弹代表值 $R_{a,i}$ 和碳化深度值 $d_{m,i}$ 后，按照根据本标准附录A的基本要求制定的测强曲线进行换算，得到结构或构件中第 i 个测区的混凝土抗压强度换算值。

4.5.2 测区混凝土抗压强度换算值应按下式计算：

$$f^{c}_{cu,i}=0.00548\cdot R_{a,i}^{2.449}\cdot 10^{-0.00836\,d_{m,i}} \tag{4.5.2}$$

式中：$f^{c}_{cu,i}$ ——第 i 个测区混凝土抗压强度换算值(MPa)，精确至0.1 MPa。

4.5.3 当结构或构件中的测区数不少于10个时，各测区混凝土抗压强度换算值的平均值和标准差应按下式计算：

$$m_{f^{c}_{cu}}=\frac{1}{n}\sum_{i=1}^{n}f^{c}_{cu,i} \tag{4.5.3-1}$$

$$s_{f^{c}_{cu}}=\sqrt{\frac{\sum_{i=1}^{n}(f^{c}_{cu,i})^{2}-n\,(m_{f^{c}_{cu}})^{2}}{n-1}} \tag{4.5.3-2}$$

式中：$f^{c}_{cu,i}$ ——第 i 个测区的混凝土抗压强度换算值(MPa)，精确至0.1 MPa；

$m_{f^{c}_{cu}}$ ——测区混凝土抗压强度换算值的平均值(MPa)，精确至0.1 MPa；

$s_{f^{c}_{cu}}$ ——测区混凝土抗压强度换算值的标准差(MPa)，精确至0.01 MPa；

n ——测区数。对单个检测的构件，取一个构件的测区数；对批量检测的构件，取所有被抽检构件测区数。

4.5.4 当结构或构件所采用的材料及其龄期与制定测强曲线所采用的材料及其龄期有较大差异时，应采用同条件立方体试件或从测区中钻取的混凝土芯样试件的抗压强度进行修正，试件数量不宜少于 6 个。

1 采用芯样试件修正时：

$$f^{c}_{cu,ia1}=f^{c}_{cu,i}+\Delta_{f} \qquad (4.5.4\text{-}1)$$

$$\Delta_{f}=m_{f^{o}_{cor}}-m_{f^{c}_{cu,j}}$$

2 采用同条件试件修正时：

$$f^{c}_{cu,ia2}=f^{c}_{cu,i}+\Delta_{f} \qquad (4.5.4\text{-}2)$$

$$\Delta_{f}=m_{f^{o}_{cu}}-m_{f^{c}_{cu,j}}$$

式中：$f^{c}_{cu,i}$ ——修正前混凝土抗压强度换算值(MPa)，精确至0.1 MPa；

$m_{f^{o}_{cor}}$ ——修正使用的混凝土芯样(ϕ100 mm×100 mm)试件的实测抗压强度平均值(MPa)，精确至0.1 MPa；

$m_{f^{o}_{cu}}$ ——修正使用的同条件混凝土立方体(边长150 mm)试件的实测抗压强度平均值(MPa)，精确至0.1 MPa；

$m_{f^{c}_{cu,j}}$ ——修正试件对应的测区混凝土抗压强度换算值的平均值(MPa)，精确至 0.1 MPa；

$f^{c}_{cu,ia1}$ ——采用芯样试件修正后的结构或构件混凝土抗压强度换算值(MPa)，精确至 0.1 MPa；

$f^{c}_{cu,ia2}$ ——采用同条件试件修正后的结构或构件混凝土抗压强度换算值(MPa)，精确至 0.1 MPa；

Δ_{f} ——局部修正量(MPa)，精确至 0.1 MPa。

4.5.5 结构或构件混凝土抗压强度推定值 $f_{cu,e}$ 应按下列规定确定：

1 当结构或构件中测区数少于 10 个且按单构件检测时，混凝土抗压强度推定值取测区强度最小值：

$$f_{cu,e}=f_{cu,min}^{c} \quad (4.5.5\text{-}1)$$

式中：$f_{cu,min}^{c}$——测区混凝土抗压强度换算值的最小值(MPa)，精确至 0.1MPa。

2 当结构或构件中测区数不少于 10 个或按批量检测时，按下式推定强度：

$$f_{cu,e}=m_{f_{cu}^{c}}-1.645s_{f_{cu}^{c}} \quad (4.5.5\text{-}2)$$

3 当结构或构件的测区抗压强度换算值中出现小于 10.0 MPa 的值时，该结构或构件的混凝土抗压强度推定值 $f_{cu,e}$ 表达为“小于 10.0 MPa”；当出现大于 65.0 MPa 的值时，该测区强度换算值取为 65.0 MPa；当所有测区强度换算值均大于 65.0 MPa 时，该结构或构件的混凝土抗压强度推定值 $f_{cu,e}$ 表达为“大于 65.0 MPa”。

4.5.6 对按批量检测的构件，当一批构件的测区混凝土抗压强度换算值的标准差出现下列情况之一时，该批构件应全部按单个构件进行检测：

1 一批构件的混凝土抗压强度换算值的平均值 $m_{f_{cu}^{c}}<$ 25.0 MPa，标准差 $s_{f_{cu}^{c}}>$4.50 MPa。

2 一批构件的混凝土抗压强度换算值的平均值 25.0 MPa$\leqslant m_{f_{cu}^{c}}\leqslant$50.0 MPa，标准差 $s_{f_{cu}^{c}}>$5.50 MPa。

3 一批构件的混凝土抗压强度换算值的平均值 $m_{f_{cu}^{c}}>$ 50.0 MPa，标准差 $s_{f_{cu}^{c}}>$6.50 MPa。

5 超声回弹综合法检测结构混凝土抗压强度

5.1 回弹仪

5.1.1 超声回弹综合法检测采用的回弹仪应与回弹法检测采用的回弹仪一致。

5.1.2 对回弹仪的状态、使用环境温度、校准、率定、操作及维护保养等要求应符合本标准第 4.1 节的规定。

5.2 混凝土超声波检测仪

5.2.1 混凝土超声波检测仪应具有产品合格证及计量校准证书。

5.2.2 所采用的超声波检测仪应符合现行行业标准《混凝土超声波检测仪》JG/T 5004 的要求，并在校准有效期内使用。

5.2.3 超声波检测仪应满足下列要求：

1 具有波形清晰、显示稳定的示波装置。

2 声时最小分度值为 0.1 μs。

3 具有最小分度值为 1 dB 信号幅度调整系统。

4 接收放大器频响范围(10～500) kHz，总增益不小于 80 dB，接收灵敏度(信噪比 3∶1 时)不大于 50 μV。

5 电源电压波动范围在标称值±10%情况下能正常工作。

6 连续正常工作时间不少于 4 h。

5.2.4 超声波检测仪器使用时，环境温度应为(0～40) ℃。

5.2.5 换能器技术要求应满足下列要求：

1 工作频率宜在(50～100) kHz 范围内。

2 实测主频与标称频率相差不应超过±10%。

5.2.6 校准和保养应满足下列要求：

1 超声波检测仪的声时计量检验，应按本标准附录B规定的“时—距”法测量空气中声速实测值 v_o，并与按下式计算的空气中声速计算值 v_k 相比较，二者的相对误差不应超过±0.5%。

$$v_k = 0.3314\sqrt{1 + 0.00367 T_k} \tag{5.2.6}$$

式中：0.3314——0 ℃时空气中的声速值(km/s)；

v_k ——温度为 T_k 时空气中的声速计算值(km/s)；

T_k ——测试时空气的温度(℃)。

2 检测时，应根据测试需要在仪器上配置合适的换能器和高频电缆线，并测定声时初读数 t_0。检测过程中如更换换能器或高频电缆线，应重新测定 t_0。

3 超声波检测仪应定期保养，注意防尘、防震，放置在阴凉干燥的环境。

5.3 回弹值检测与计算

5.3.1 超声回弹综合法检测时的测区布置应符合本标准第4.2节回弹测区布置的规定。

5.3.2 回弹值检测和数据计算应符合本标准第4.3节的规定。

5.4 超声声速检测与计算

5.4.1 超声测点应布置在回弹测试的同一测区内，超声测试应优先采用对测，每一测区布置3个测点。对结构或构件的每一测区，应先进行回弹测试，后进行超声测试。计算混凝土抗压强度换算值时，非同一测区内的回弹值和声速值不得混用。当被测构件不具备对测条件时，可采用角测或单面平测。角测的场合每一测区布置 3 个超声测点；单面平测的场合每个测区布置 1 排超声测点，并应符合本标准附录 C 的要求。

5.4.2 超声测试时，换能器辐射面应通过耦合剂与混凝土测试面良好耦合。

5.4.3 声时测量应精确至 0.1 μs，超声测距测量应精确至 1 mm，且测量误差不应超过±1%。声速计算应精确至 0.01 km/s。

5.4.4 当在混凝土浇筑方向的侧面对测时，测区混凝土中声速代表值应根据该测区中 3 个测点的混凝土中声速值，按下式计算：

$$v=\frac{1}{3}\sum_{i-1}^{3}\frac{l_i}{t_i-t_0} \tag{5.4.4}$$

式中：v ——测区混凝土中声速代表值（km/s）；

l_i ——第 i 个测点的超声测距（mm）；

t_i ——第 i 个测点的声时读数（μs）；

t_0 ——声时初读数（μs）。

5.4.5 当在混凝土浇筑的顶面或底面测试时，测区声速代表值应按下式修正：

$$v_a=\beta v \tag{5.4.5}$$

式中：v_a ——修正后的测区混凝土中声速代表值（km/s）；

β ——超声测试面的声速修正系数，在混凝土浇筑的顶面和底面上下间对测时，取 1.034。

5.4.6 当在混凝土浇筑的顶面或底面上单面平测时，测区混凝土中声速代表值应按本标准附录 C 第 C.2 节计算和修正：

$$v_a=\lambda v_p \tag{5.4.6}$$

式中：v_a ——修正后的测区混凝土中声速代表值（km/s）；

λ ——由对测声速 v_d 与平测声速 v_p 之比求得的修正系数。

5.5 混凝土抗压强度的计算与推定

5.5.1 结构或构件中第 i 个测区的混凝土抗压强度换算值，可按本标准第 5.3 节和第 5.4 节的规定求得修正后的测区回弹代表值 $R_{\mathrm{a},i}$ 和声速代表值 $v_{\mathrm{a},i}$ 后，按下列测区混凝土抗压强度换算公式计算：

$$f_{\mathrm{cu},i}^{c}=0.00846v_{\mathrm{a},i}^{2.273}R_{\mathrm{a},i}^{1.382} \tag{5.5.1}$$

式中：$f_{\mathrm{cu},i}^{\mathrm{c}}$ ——第 i 个测区混凝土抗压强度换算值(MPa)，精确至 0.1 MPa。

5.5.2 当结构或构件中的测区数不少于 10 个时，各测区混凝土抗压强度换算值的平均值和标准差计算应符合本标准第 4.5.3 条的规定。

5.5.3 当结构或构件所采用的材料及龄期与制定测强曲线所采用的材料及龄期有较大差异时，抗压强度换算值的修正应符合本标准第 4.5.4 条的规定。

5.5.4 结构或构件混凝土抗压强度推定值的确定应符合本标准第 4.5.5 条的规定。

5.5.5 按批检测的构件，当测区抗压强度标准差超出规定时，该批构件应全部按单个构件进行检测，并应符合本标准第 4.5.6 条的规定。

6 钻芯法检测结构混凝土抗压强度

6.1 主要设备

6.1.1 钻取芯样及芯样加工、测量的主要设备与仪器均应有产品合格证，计量器具应有计量校准证书并在有效期内。

6.1.2 钻芯机应具有足够的刚度，固定和移动方便，旋转主轴与薄壁钻头具有良好的同心度，并应有水冷却系统。

6.1.3 钻取芯样时，宜采用人造金钢石薄壁钻头。钻头胎体不得有肉眼可见的裂缝、缺边、少角、倾斜及喇叭口变形。

6.1.4 锯切芯样时使用的锯切机和磨平芯样的磨平机应具有冷却系统和牢固夹紧芯样的装置；配套使用的人造金钢石圆锯片应有足够的刚度。

6.1.5 芯样宜采用磨平机进行芯样端面加工。补平装置除应保证芯样的端面平整外，尚应保证芯样轴线垂直。

6.1.6 钢筋定位仪器，最大探测深度不应小于 60 mm，探测位置偏差不宜大于±3 mm。

6.2 芯样的钻取

6.2.1 芯样宜在结构或构件的下列部位钻取：

1 结构或构件受力较小的部位。

2 混凝土强度具有代表性的部位。

3 便于钻芯机安放与操作的部位。

4 避开主筋、预埋件和管线的位置。

6.2.2 钻芯机就位并安放平稳后，应将钻芯机固定。固定的方法应根据钻芯机的构造和施工现场的具体情况确定。

6.2.3 钻芯机在未安装钻头之前，应先通电检查主轴旋转方向。

6.2.4 钻芯时用于冷却钻头和排除混凝土碎屑的冷却水的流量宜为(3～5) L/min。

6.2.5 钻取芯样时，应控制进钻的速度，钻头以较慢进钻速度接触混凝土表面，再缓慢增速钻取。

6.2.6 若所取芯样的高度及质量不能满足本标准的加工要求，则应重新钻取芯样。从钻孔中取出的芯样应标上清晰的标记。

6.2.7 芯样在运送前应采取保护措施，避免运送和储存中损坏。

6.2.8 结构或构件钻芯后所留下的孔洞应及时进行修补，修补的混凝土应比结构混凝土强度高一等级，并应掺适量膨胀剂，使混凝土膨胀率接近 1%。

6.2.9 钻芯工作完毕后，应及时对钻芯机和芯样加工设备进行维修保养。

6.2.10 钻芯操作应遵守国家有关安全生产和劳动保护的规定，并应遵守钻芯现场安全生产有关规定。

6.3 芯样的加工及试件的技术要求

6.3.1 芯样试件标称直径宜为 100 mm、70 mm 或 55 mm，标称直径不得小于骨料最大粒径的 2 倍，其中标称直径为 100 mm 且高径比为 1.00 的芯样作为标准芯样试件。

6.3.2 抗压芯样试件的高度与直径之比(H/D)宜为 1.00。

6.3.3 芯样试件内不宜含有钢筋。如不能满足此项要求，试件应符合下列要求：

1 芯样试件标称直径为 70 mm 或 100 mm 时，每个试件内直径小于 10 mm 的钢筋不得多于 1 根。

2 芯样试件标称直径为 55 mm 时，每个试件内不得含有钢筋。

3 芯样内的钢筋应与芯样试件的轴线基本垂直并离开端面10 mm以上。

6.3.4 锯切后的芯样，应按下列方法进行端面处理：

1 芯样试件的端面宜采取磨平的处理方法。

2 当芯样试件端面有轻微缺陷或设计强度等级不大于C 30时，可采用硫磺胶泥补平的处理方法，补平厚度不宜大于1.5 mm。

6.3.5 在试验前应测量芯样试件的尺寸，测量方法与精度要求应符合下列规定：

1 平均直径，可用游标卡尺在芯样试件中部相互垂直的两个位置上测量，取测量的算术平均值作为芯样试件的直径，精确至0.1 mm。

2 高度，可用钢直尺进行测量，精确至1 mm。

3 垂直度，可用游标量角器测量芯样试件两个端面与母线的夹角，精确至5′。

4 不平整度，可用钢直尺紧靠在芯样试件端面上，一面转动钢直尺，一面用塞尺测量钢直尺与芯样试件端面之间的缝隙。

6.3.6 芯样试件尺寸偏差及外观质量超过下列数值时，其测试数据不得计入有效试样：

1 芯样试件的实际高径比（H/D）小于要求高径比的0.95倍或大于1.05倍。

2 沿芯样试件高度任一直径与平均直径的差超过1.5 mm。

3 抗压芯样试件端面的不平整度在100 mm长度内超过0.1 mm。

4 芯样试件端面与轴线的不垂直度超过1°。

5 芯样有裂缝或有其他较大缺陷。

6.4 芯样试件的试验

6.4.1 芯样试件应在自然干燥状态下进行抗压试验，一般芯样试件在加工完毕后，在试验室内自然干燥 3 d 以上。

6.4.2 当结构工作条件比较潮湿，需要确定潮湿状态下混凝土的强度时，芯样试件宜在(20±5) ℃的清水中浸泡(40～48) h，从水中取出后立即进行试验。

6.4.3 芯样试件抗压试验的操作除了应符合现行国家标准《混凝土物理力学性能试验方法标准》GB/T 50081 中对立方体试块抗压试验的规定外，还应在压力机下承压板上加装一组球形支座，然后放入芯样试件，进行抗压强度试验。

6.4.4 混凝土芯样试件抗压强度换算值可按下式计算：

$$f_{\mathrm{cor}}^{\mathrm{c}}=\gamma\frac{F_{\mathrm{c}}}{A} \tag{6.4.4}$$

式中：$f_{\mathrm{cor}}^{\mathrm{c}}$ ——混凝土芯样试件抗压强度换算值(MPa)，精确至 0.1 MPa；

F_{c} ——芯样试件抗压试验测得的最大压力(N)；

A ——芯样试件抗压截面面积(mm^2)；

γ ——修正系数，芯样试件端面磨平处理的，取 1.00；采用硫磺胶泥补平芯样端面的，取 1.05。

6.5 混凝土抗压强度的推定

6.5.1 强度推定可按批量推定或单个构件推定。

6.5.2 按批量推定时，同规格芯样试件的数量应根据同一检测批中样本容量的大小确定。当公称直径为 100 mm 时，芯样不应少于 15 个；当公称直径为 70 mm 或 55 mm 时，芯样不应少于 20 个。

6.5.3 芯样应随机抽取，每个芯样取自构件或结构的局部部位，一个部位钻取的芯样每次只能加工一个芯样试件。

6.5.4 在按批推定混凝土抗压强度时，应给出推定强度的推定区间，推定区间的上限值和下限值应分别按下列公式计算：

$$f_{cu,e1}=m_{f^c_{cor}}-k_1 s_{cor} \quad (6.5.4\text{-}1)$$

$$f_{cu,e2}=m_{f^c_{cor}}-k_2 s_{cor} \quad (6.5.4\text{-}2)$$

平均值计算公式：

$$m_{f^c_{cor}}=\frac{\sum_{i=1}^{n} f^c_{cor,i}}{n} \quad (6.5.4\text{-}3)$$

标准差计算公式：

$$s_{cor}=\sqrt{\frac{\sum_{i=1}^{n}(f^c_{cor,i})^2-n(m_{f^c_{cor}})^2}{n-1}} \quad (6.5.4\text{-}4)$$

式中：$m_{f^c_{cor}}$ ——混凝土芯样试件抗压强度换算值的平均值(MPa)，精确至0.1 MPa；

$f_{cu,e1}$ ——混凝土抗压强度推定上限值（MPa），精确至0.1 MPa；

$f_{cu,e2}$ ——混凝土抗压强度推定下限值（MPa），精确至0.1 MPa；

k_1，k_2 ——推定区间上限值系数和下限值系数，可按本标准附录D查得；

s_{cor} ——芯样试件强度样本的标准差（MPa），精确至0.01 MPa。

6.5.5 $f_{cu,e1}$ 和 $f_{cu,e2}$ 所构成推定区间的置信度宜为0.90；当采用公称直径为70 mm或55 mm芯样试件时，推定区间的置信度可为0.85。$f_{cu,e1}$ 和 $f_{cu,e2}$ 之间的差值不宜大于5.0 MPa和0.10 $m_{f^c_{cor}}$ 二者的较大值；当 $f_{cu,e1}$ 与 $f_{cu,e2}$ 之间的差值大于5.0 MPa和0.10 $m_{f^c_{cor}}$ 二者的较大值时，可适当增加样本容量，或重新划分检测批，直至满足要求，否则不宜进行批量推定。

6.5.6 钻芯法推定混凝土强度时，可剔除芯样试件混凝土抗压强度换算值样本中的异常值，剔除规则应按现行国家标准《正态样本异常值的判断和处理》GB/T 4883 或其他标准的规定执行。

6.5.7 混凝土抗压强度的推定，宜以推定值上限 $f^{c}_{cu,e1}$ 作为该批结构混凝土抗压强度的推定值。

6.5.8 按单个构件推定混凝土强度时，有效芯样试件的数据不得少于 3 个。

6.5.9 单个构件混凝土的推定强度应按有效芯样试件混凝土换算强度中的最小值确定，不应进行数据的舍弃。

附录A 建立回弹法、超声回弹综合法混凝土测强曲线的基本要求

A.0.1 回弹仪应符合本标准第4.1节的各项要求。

A.0.2 超声波检测仪应符合本标准第5.2节的要求。

A.0.3 混凝土用水泥应符合现行国家标准《通用硅酸盐水泥》GB 175的要求，混凝土用砂、石应符合现行行业标准《普通混凝土用砂、石质量及检验方法标准》JGJ 52的要求。

A.0.4 选用本地区常用水泥、粗骨料、细骨料、外加剂、掺合料，按最佳配合比制作混凝土强度等级为C10～C60的边长为150 mm的立方体试件。

A.0.5 试件试验应按下列步骤进行：

1 分别按龄期为14 d、28 d、60 d、90 d、180 d和365 d进行立方体试件强度试验。

2 每一龄期的每组试件由3个(或6个)试件组成。

3 每种混凝土强度等级的试件数不应少于30个，并宜在同一天内用同条件的混凝土成型。

4 试件采用振动台成型，成型后第二天拆模。

5 如系自然养护，应将试件移至不直接受日晒雨淋处，按品字形堆放，盖上草袋并浇水养护。如用蒸汽养护，则试件静停时间和养护条件应与构件的相同。

A.0.6 试件应按下列规定进行测试：

1 回弹值测量：应选用一相对浇筑侧面作为测试面，将另一相对浇筑侧面放置在压力机上下承压板之间，加压至(60～80) kN，并在此压力下，在试件相对测试面上按本标准第4.3.2条规定各测8点回弹值，剔除3个较大值和3个较小值，将余下10个回弹值

的平均值作为该试件的回弹值，计算精确至 0.1。

2 超声声速值测量：在一相对浇筑侧面分别量取对测测距 l_1、l_2、l_3，并测量相对应对测声时 t_1、t_2、t_3，并按下式计算声速代表值：

$$v=\frac{1}{3}\sum_{i=1}^{3}\frac{l_i}{t_i-t_0} \tag{A.0.6}$$

式中：v ——试件混凝土声速代表值(km/s)，精确至 0.01 km/s；

l_i ——第 i 个测点的超声测距(mm)，精确至 1 mm；

t_i ——第 i 个测点声时值(μs)，精确至 0.1 μs；

t_0 ——声时初读数(μs)，精确至 0.1 μs。

3 抗压强度试验：回弹值、超声声速值测量完毕后，将回弹测试面对准压力机承压板正中，放入试件，按现行国家标准《混凝土物理力学性能试验方法标准》GB/T 50081 的规定进行抗压强度试验，并计算抗压强度值 f_{cu}，精确至 0.1 MPa。

4 碳化深度值测量：按本标准第 4.4 节规定的方法在抗压强度试验后的试件边缘测量该试件的碳化深度值。

A.0.7 测强曲线回归分析：将各试件测试所得的碳化值 d_m、回弹值 R、超声声速值 v 及试件抗压强度值 f_{cu} 汇总，进行多元回归分析和误差分析。

A.0.8 选择回归分析相关系数和相对标准差较优的回归曲线作为地区或专用测强曲线。

附录B 用实测空气声速法校准超声仪

B.0.1 空气中声速的测试步骤应符合下列规定：

取常用平面换能器一对，接于超声波仪器上。开机预热(5～10) min。在空气中将两个换能器的辐射面对准，依次改变两个换能器辐射面之间的距离 l（如 100 mm，125 mm，150 mm，175 mm，200 mm，225 mm，250 mm，275 mm，300 mm)，在保持首波幅度一致的条件下，读取各间距所对应的声时值 t_1，t_2，t_3，…，t_n。同时测量空气温度 T_k，精确至 0.5 ℃。

测量时，应符合下列事项：

1 两个换能器辐射面的轴线始终保持在同一直线上。

2 换能器辐射面间距的测量误差应不超过±1%，且测量精度为 0.5 mm。

3 换能器辐射面宜悬空相对放置；若置于地板或桌面上，必须在换能器下面垫以吸声材料。

B.0.2 实测空气中声速可采用下列方法计算：

以换能器辐射面间距为纵坐标，声时读数为横坐标，以各测点的测距和对应的声时求回归直线方程 $l = a + bt$。回归系数 b 即为空气中声速实测值 v_0。

B.0.3 空气中声速计算值可按本标准中公式(5.2.6)计算。

B.0.4 误差计算：

空气中声速计算值 v_k 与空气中声速实测值 v_0 之间的相对误差 e_r，可按下式计算：

$$e_r = (v_k - v_0)/v_k \times 100\% \tag{B.0.4}$$

按公式(B.0.4)计算所得的值 e_r 不应超过±0.5%。否则，应检查仪器各部位的连接后重测，或更换超声波检测仪。

附录 C　超声波角测、平测及其声速计算方法

C.1　超声波角测方法

C.1.1　当结构或构件被测部位只有两个相邻表面可供检测时，可采用角测方法测量混凝土的声速。每个测区布置 3 个测点，并与相应测试面对应的 3 个测点的测距保持基本一致，换能器布置如图 C.1.1 所示。

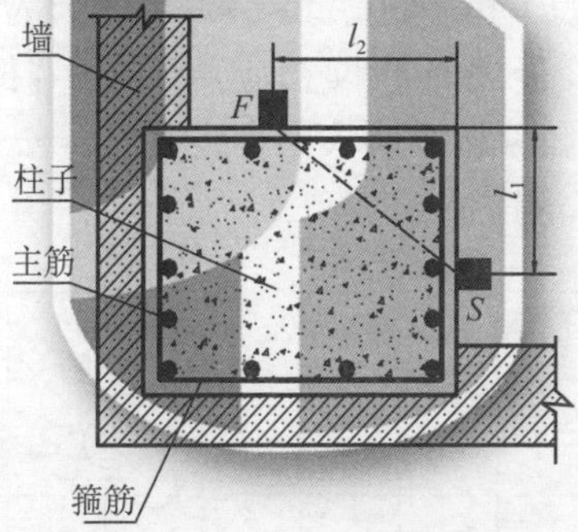

图 C.1.1　超声波角测示意图

C.1.2　布置超声角测测点时，换能器中心与构件边缘的距离 l_1、l_2 不宜小于 400 mm。

C.1.3　角测时，超声测距应按下式计算：

$$l_i = \sqrt{l_{1i}^2 + l_{2i}^2} \tag{C.1.3}$$

式中：l_i ——角测第 i 个测点的超声测距（mm）；

l_{1i}, l_{2i} ——角测第 i 个测点换能器与构件边缘的距离(mm)。

C.1.4 角测时,混凝土中声速代表值应按下式计算:

$$v=\frac{1}{3}\sum_{i=1}^{3}\frac{l_i}{t_i-t_0} \tag{C.1.4}$$

式中:v ——角测时混凝土中声速代表值(km/s);

t_i ——角测第 i 个测点的声时读数(μs);

t_0 ——声时初读数(μs)。

C.2 超声波平测方法

C.2.1 当结构或构件被测部位只有一个表面可供检测时,可采用平测方法测量混凝土的声速。每个测区布置一排超声测点,以两个换能器边距 l =200 mm、250 mm、300 mm、350 mm、400 mm、450 mm、500 mm 等逐点测读相应声时值 t,换能器布置如图 C.2.1 所示。用回归分析方法求出直线方程 $l=a+bt$。回归系数 b 即为该测区的平测声速 v_p。

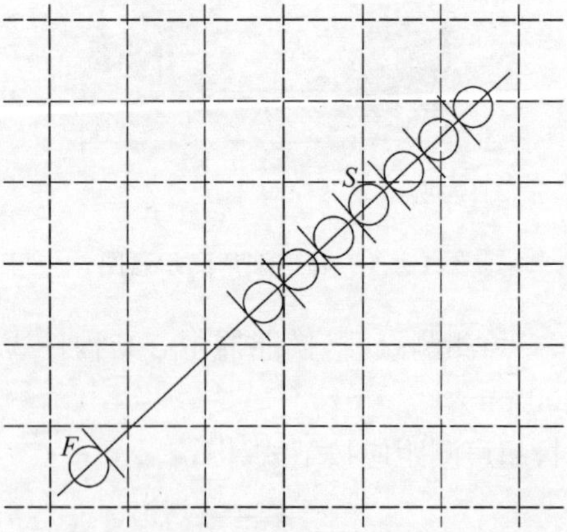

F—发射换能器;S—接收换能器;虚线为钢筋分布

图 C.2.1 超声波平测换能器布置示意图

C.2.2 布置超声平测点时，为避免钢筋的影响，宜使发射和接收换能器的连线与附近钢筋轴线成40°～50°。

C.2.3 对平测声速进行修正宜选取有代表性的部位，宜采用同一构件的对测声速 v_d 与平测声速 v_p 之比求得修正系数：

$$\lambda = v_d / v_p \tag{C.2.3}$$

C.2.4 单面平测时的测区混凝土中声速代表值为 $v_a = \lambda v_p$。

附录 D 钻芯法混凝土抗压强度推定区间系数表

D.0.1 置信度为 0.90 时，k_1 为错判概率为 0.05 条件下的限值系数，k_2 为漏判概率为 0.05 条件下的限值系数；置信度为 0.85 时，k_1 为错判概率为 0.05 条件下的限值系数，k_2 为漏判概率为 0.10 条件下的限值系数。

D.0.2 试件数与上限值系数 k_1、下限值系数 k_2 的关系可按表 D.0.2 取值。

表 D.0.2 上、下限值系数表

试件数 n	$k_1(0.05)$	$k_2(0.05)$	$k_2(0.10)$	试件数 n	$k_1(0.05)$	$k_2(0.05)$	$k_2(0.10)$
10	1.0173	2.91096	2.56837	25	1.21739	2.29167	2.13229
11	1.04127	2.81499	2.50262	26	1.22455	2.27530	2.12037
12	1.06247	2.73634	2.44825	27	1.23135	2.26005	2.10924
13	1.08141	2.67050	2.4024	28	1.23780	2.24578	2.09881
14	1.09848	2.61443	2.36311	29	1.24395	2.23241	2.08903
15	1.11397	2.5660	2.32898	30	1.24981	2.21984	2.07982
16	1.12812	2.52366	2.29900	31	1.25540	2.20800	2.07113
17	1.14112	2.48626	2.27240	32	1.26075	2.19682	2.06292
18	1.15311	2.45295	2.24862	33	1.26588	2.18625	2.05514
19	1.16423	2.42304	2.22720	34	1.27079	2.17623	2.04776
20	1.17458	2.39600	2.20778	35	1.27551	2.16672	2.04075
21	1.18425	2.37142	2.19007	36	1.28004	2.15768	2.03407
22	1.19330	2.34896	2.17385	37	1.28441	2.14906	2.02771
23	1.20181	2.32832	2.15891	38	1.28861	2.14085	2.02164
24	1.20982	2.30929	2.14510	39	1.29266	2.13300	2.01583

续表D.0.2

试件数 n	$k_1(0.05)$	$k_2(0.05)$	$k_2(0.10)$	试件数 n	$k_1(0.05)$	$k_2(0.05)$	$k_2(0.10)$
40	1.29657	2.12549	2.01027	100	1.41433	1.92654	1.86125
41	1.30035	2.11831	2.00494	110	1.42421	1.91191	1.85017
42	1.30399	2.11142	1.99983	120	1.43289	1.89929	1.84059
43	1.30752	2.10481	1.99493	130	1.44060	1.88827	1.83222
44	1.31094	2.09846	1.99021	140	1.44750	1.87852	1.82481
45	1.31425	2.09235	1.98567	150	1.45372	1.86984	1.81820
46	1.31746	2.08648	1.98130	160	1.45938	1.86203	1.81225
47	1.32058	2.08081	1.97708	170	1.46456	1.85497	1.80686
48	1.32360	2.07535	1.97302	180	1.46931	1.84854	1.80196
49	1.32653	2.07008	1.96909	190	1.4737	1.84265	1.79746
50	1.32939	2.06499	1.96529	200	1.47777	1.83724	1.79332
60	1.35412	2.02216	1.93327	250	1.49443	1.81547	1.77667
70	1.37364	1.98987	1.90903	300	1.50687	1.79964	1.76454
80	1.38959	1.96444	1.88988	400	1.52453	1.77776	1.74773
90	1.40294	1.94376	1.87428	500	1.53671	1.76305	1.73641

本标准用词说明

1 为了便于在执行本标准条文时区别对待，对要求严格程度不同的用词说明如下：

1）表示很严格，非这样做不可的用词：
正面词采用“必须”；
反面词采用“严禁”。

2）表示严格，在正常情况下均应这样做的用词：
正面词采用“应”；
反面词采用“不应”或“不得”。

3）表示允许稍有选择，在条件许可时首先这样做的用词：
正面词采用“宜”；
反面词采用“不宜”。

4）表示有选择，在一定条件下可以这样做的用词，采用“可”。

2 标准中指定应按其他有关标准、规范执行时，写法为：“应符合……的规定（要求）”或“应按……执行”。

引用标准名录

1 《通用硅酸盐水泥》GB 175

2 《正态样本异常值的判断和处理》GB/T 4883

3 《混凝土物理力学性能试验方法标准》GB/T 50081

4 《普通混凝土用砂、石质量及检验方法标准》JGJ 52

5 《混凝土超声波检测仪》JG/T 5004

上海市工程建设规范

结构混凝土抗压强度检测技术标准

DG/TJ 08—2020—2020
J 11027—2021

条 文 说 明

2021 上海

目　次

1　总　则 ………………………………………………………… 41
2　术语和符号 ………………………………………………… 42
3　基本规定 …………………………………………………… 43
4　回弹法检测结构混凝土抗压强度 ……………………… 45
4.1　回弹仪 …………………………………………………… 45
4.2　回弹测区布置 …………………………………………… 46
4.3　回弹值检测与计算 ……………………………………… 47
4.4　碳化深度值检测 ………………………………………… 47
4.5　混凝土抗压强度的计算与推定 ……………………… 47
5　超声回弹综合法检测结构混凝土抗压强度 …………… 49
5.1　回弹仪 …………………………………………………… 49
5.2　混凝土超声波检测仪 …………………………………… 49
5.3　回弹值检测与计算 ……………………………………… 51
5.4　超声声速检测与计算 …………………………………… 51
5.5　混凝土抗压强度的计算与推定 ……………………… 52
6　钻芯法检测结构混凝土抗压强度 ……………………… 53
6.1　主要设备 ………………………………………………… 53
6.2　芯样的钻取 ……………………………………………… 53
6.3　芯样的加工及试件的技术要求 ……………………… 53
6.4　芯样试件的试验 ………………………………………… 54
6.5　混凝土抗压强度的推定 ………………………………… 55

Contents

1 General provisions ······ 41
2 Terms and symbols ······ 42
3 General requirements ······ 43
4 Rebound method to estimate concrete compressive strength ······ 45
4.1 Rebound hammer ······ 45
4.2 Test area arrangement ······ 46
4.3 Rebound test and calculation ······ 47
4.4 Carbonation depth test ······ 47
4.5 Calculation and estimation of concrete compressive strength ······ 47
5 Ultrasonic-rebound combined method to estimate concrete compressive strength ······ 49
5.1 Rebound hammer ······ 49
5.2 Concrete ultrasonic tester ······ 49
5.3 Rebound test and calculation ······ 51
5.4 Ultrasonic velocity test and calculation ······ 51
5.5 Calculation and estimation of concrete compressive strength ······ 52
6 Drill core drilling method to estimate concrete compressive strength ······ 53
6.1 Main equipments ······ 53
6.2 Drilling a core ······ 53
6.3 Processing and technical requirements of core specimen ······ 53
6.4 Compressive test ······ 54
6.5 Estimation of concrete compressive strength ······ 55

1 总则

1.0.1 国家有关回弹法、超声回弹综合法的技术标准中均明确规定:“对于有条件的地区和部门,应制定本地区的测强曲线或专用曲线。”为了规范本地区结构混凝土非破损检测技术工作,提高检测准确度,需要统一检测方法和技术要求,保证工程质量。

1.0.2 本标准中制定的结构混凝土抗压强度检测技术方法包括回弹法、超声回弹综合法和钻芯法,结构混凝土系指现行行业标准《普通混凝土配合比设计规程》JGJ 55 所定义的干密度为(2 000~2 800) kg/m^3 的普通混凝土,并按照本地区普通的生产和施工工艺构筑成的结构或构件。

1.0.3 在正常情况下,混凝土强度的检验与评定应按现行国家标准《混凝土结构工程施工质量验收规范》GB 50204 及《混凝土强度检验评定标准》GB/T 50107 执行。如果工程建设中出现不确定因素,如:标准养护试件或同条件试件数量不足或未按规定制作试件;所制作的标准试件或同条件试件与所成型的构件在材料用量、配合比、水灰比等方面有较大差异,已不能代表构件的混凝土质量;标准试件或同条件试件的抗压强度结果无效或不符合现行标准、规范规定的对结构或构件的强度合格要求,并且对该结果持有怀疑等情况时,可按本标准进行检测,检测结果可作为处理混凝土质量的一个依据。

1.0.4 “国家、行业和本市现行有关标准的规定”指设计、施工、验收等方面的要求。

2 术语和符号

本章节对标准中使用的关键术语进行释义，所使用的术语和符号参考了国家相关标准的一些规定和表述，但主要还是结合了本标准赋予的专用含义，不一定是严格意义上名词定义，应结合本标准使用。

3　基本规定

3.0.1　工程检测经常会涉及现场多种因素的影响，应事先尽可能了解详细的工程信息，选用合适的检测方法，对是否影响数据采集作出判断，并制定相应的检测方案。本条列举了工程检测通常需要了解的基本信息和可能对检测结果产生影响的因素。

3.0.2　本标准制定的回弹法、超声回弹综合法地区测强曲线采用了本市常用的预拌混凝土材料和生产成型工艺，因此对其适用条件中规定了混凝土所使用的基本材料、成型工艺、养护情况和龄期、强度范围等要求。有些品种的构件生产采用了加压振动、离心成型等特殊工艺，这种方式生产出来的混凝土构件，不适用本标准的测强曲线。

本次修订，编制组结合多年的应用情况和验证结果分析，考虑到中型回弹仪在高强段的回弹值"钝化"现象对检测结果稳定性的影响，以及国家行业标准已制定了相应的检测方法，为了提高检测结果的稳定性，调整混凝土抗压强度为(10～65) MPa。测强曲线为经验性公式制定，使用时，抗压强度结果不得外推。

由于回弹法是通过回弹仪检测混凝土表面硬度从而推算出混凝土强度的方法，因此不适用于表层与内部质量有明显差异或内部存在缺陷的混凝土结构或构件的检测。当混凝土表面遭受了火灾、冻伤、受化学物质侵蚀或内部有缺陷时，就不能直接采用回弹法和超声回弹综合法检测。

3.0.3　钻芯法是从结构或构件实体上直接取样，并对芯样进行加工试验，方法直观，适用范围较广，考虑到方法制定时混凝土样本的设计强度等级，规定了本标准的适用范围。钻芯法检测混凝土的系统偏差较小，而强度样本的标准差相对较大(即随机性偏差与样本的容量少有关),而回弹法、超声回弹综合法等可获得较多检测数据,其标准差与检测批混凝土强度的实际情况比较接近,故钻芯法与其他检测方法配合使用,有利于扬长避短,减少检测工作的不确定性。

3.0.4 本标准中,回弹法是通过结构混凝土表面的状况来推定混凝土的强度,超声法可以反映混凝土内部的质量状况,故超声回弹综合法能更好地反映结构混凝土的实际状况。通过对比分析,综合法检测结果准确性优于回弹法。钻芯法是从结构或构件上钻取芯样进行强度试验,方法直观,结果易于接受,当对其他非破损检测结果有争议时,该法为普遍使用的处理问题的方法。

4 回弹法检测结构混凝土抗压强度

4.1 回弹仪

4.1.1 以往，回弹法检测多使用指针直读式中型回弹仪，随着数字式回弹仪的发展，实际应用日益增多，本次修订条文中增加了数字式中型回弹仪。

4.1.2～4.1.3 规定了回弹仪的标准状态及使用温度要求。因率定试验用钢砧弹击面是否平整会对率定结果产生影响，使用时应检查弹击面的状况。增加了数字式回弹仪的标准状态要求。

4.1.4 本条规定了回弹仪应校准的几种情况。

1 新出厂的仪器，由于在生产过程中的质量控制水平不同，而且贮存运输过程会对仪器产生一定影响，为保证仪器启用时处于标准状态，应进行校准。

2 依据现行行业标准《回弹法检测混凝土抗压强度技术规程》JGJ/T 23 的相关条文，仪器检定有效期限规定为半年。

3 更换主要零件（弹击拉簧、弹簧座、弹击杆、缓冲压簧、中心导杆、导向法兰、弹击锤、指针轴、指针片、指针块、挂钩及调零螺丝）后，仪器的整体性能会产生变化，应进行校准。

4 当仪器遇到常规保养后，钢砧率定值仍不符合要求，表明仪器已偏离标准状态，或遭受损害的回弹仪，无法采用常规保养的方式使其处于标准状态，或数字式回弹仪不符合标准状态的要求等情况时，需先进行维修，修理后的回弹仪应校准合格后方可使用。

4.1.5 本条是为了保证在使用过程中及时发现和纠正回弹仪的

非标准状态。

4.1.6 本条规定了回弹仪率定试验方法及环境条件，并对率定试验用钢砧提出定期检验的要求。因各单位对回弹仪使用频度不同，检验有效期可结合实际经验确定。

4.1.7 本条规定了回弹仪正常操作的要求。

4.1.8～4.1.10 检测用回弹仪应注意日常保养以保持正常状态，在此规定了维护保养的基本要求与方法。

4.2 回弹测区布置

4.2.1 采用了全国非破损检测相关标准中常用的样本抽样比例和测区最小数量的要求。考虑到构件尺寸较小时按 10 个测区布置有困难，或者受检构件数量较多时，检测的工作量很大，参照现行行业标准《回弹法检测混凝土抗压强度技术规程》JGJ/T 23 对测区数量进行适当调整，但不得少于 5 个测区。

4.2.2 本条规定了批量抽检时检测批的划定原则。对于条文中“龄期基本相同”的要求，可按照“当检测批中混凝土龄期相差不超过检测时最短龄期的 10%时，可视为龄期相近”的原则进行控制。

4.2.3 在构件上布置测区应充分考虑其代表性，并要避开可能对回弹值产生影响的不利因素，测区尽可能布置在结构或构件沿混凝土浇筑方向的两个对称侧面上；当不便进行对称布置时，也可选在一个可测面上布置。回弹法对混凝土表面状况要求很高，对于测区内有饰面层、浮浆、不平整等情况，应将其铲除、磨平，清除残留粉尘；混凝土表面潮湿时对回弹检测值会产生很大影响，故结构混凝土处于潮湿状态时不得进行回弹检测。

相关研究表明当测试面为曲面时，曲率半径过小会对回弹值有一定的影响，参照现行行业标准《回弹法检测混凝土抗压强度技术规程》JGJ/T 23，规定曲率半径不小于 250 mm。

4.3 回弹值检测与计算

4.3.1 回弹仪一般操作应选择在混凝土浇筑方向的侧面水平弹击，对非水平、混凝土浇筑表面或底面等非正常状态的操作进行补充规定。

4.3.2～4.3.3 测点布置的基本规定。

4.3.4～4.3.7 在不同的混凝土浇筑面以及以不同的角度进行回弹测试时，会对回弹值产生影响，条文规定了回弹值的计算及非正常检测状态下的修正方法。

4.4 碳化深度值检测

4.4.1～4.4.2 碳化深度测试过程中，测点代表性的选择及测孔的清理状况往往影响测试结果，为此，规定采样原则，并规定碳化深度测点数不少于 3 个，每个测点测试不少于 3 次，同时对孔洞要求深度大于 6 mm，避免多次开洞。根据实际使用经验，酚酞酒精溶液的浓度宜为 2%比较合适。

4.5 混凝土抗压强度的计算与推定

4.5.1～4.5.2 规定了上海地区的回弹法检测参量代表值及按测强曲线的换算。上海地区的回弹法测强曲线的相关系数 $r=0.938$；平均相对误差 $\delta=9.80\%$；相对标准误差 $e_r=12.74\%$，符合国家行业标准对建立地区测强曲线的误差要求。经过使用过程中大量的实验和适用性验证，误差控制符合曲线制定的要求，满足上海地区结构混凝土抗压强度非破损检测技术要求。

4.5.3 本条规定了混凝土抗压强度换算值的统计计算使用的公式要求。

4.5.4 在实际检测中会遇到被测结构或构件的材料及龄期与测强曲线制定条件有较大差异的状况，采用修正量的方法可对结果进行必要修正。修正所采用的试件尺寸在此方法中规定为标准试件尺寸，即芯样试件直径和高度尺寸为 100 mm，混凝土立方体试件边长为 150 mm。当采用同条件立方体试件修正时，试件对应的是其所代表的结构或构件的所有测区。

4.5.5～4.5.6 参考了现行行业标准《回弹法检测混凝土抗压强度技术规程》JGJ/T 23 中的基本推定原则，并对 $m_{f_{cu}^{c}}>50.0$ MPa 的情况作了规定。对于出现强度换算值大于65.0 MPa的测区，因测强曲线范围不得外推，无法计算具体换算值，考虑到方法使用前已经对所检混凝土的设计强度等级进行了控制，此时大于 65.0 MPa 的测区强度均大于混凝土设计强度等级，若出现这种情况时，均按单构件采用测区最小强度值作为推定值过于严格，经编制组反复讨论，认为这些测区参与统计计算比较实际，故提出当需要进行统计计算时，该测区取值 65.0 MPa。

5　超声回弹综合法检测结构混凝土抗压强度

5.1　回弹仪

5.1.1～5.1.2　回弹仪部分与第 4.1 节要求相同。

5.2　混凝土超声波检测仪

5.2.1～5.2.2　用于混凝土检测的超声波检测仪有多种型号，其技术性能应符合现行行业标准《混凝土超声波检测仪》JG/T 5004 的规定。为了确保测试数据的可靠性，无论使用哪种型号的超声波检测仪器，都必须通过正式技术鉴定，并具有产品合格证及校准证书。

5.2.3　本条规定了超声波检测仪的技术要求。

1　混凝土强度检测主要利用超声波传播速度，为获得可靠的声速值应准确测量声时和声传播路程，故有此要求。

2　声时最小分度是声时测量精度的决定因素，因此超声波检测仪应满足这个要求。

3　由于不同首波高度下测量的声时值存在一定差异，因此在声时测量中，宜采用衰减器先将首波调至一定高度后再进行测读。超声波检测仪应具有最小分度为 1 dB 的衰减器。

4　仪器接收放大器的频响范围应与混凝土超声检测中所采用的换能器的频率相适应。检测混凝土所采用的换能器频响范围一般为（20～250）kHz，混凝土强度检测频响范围为（50～100）kHz，故接收放大器在此频响范围内可以满足电气性能要求。对仪器不能单纯追求接收放大器的增益，应同时考虑其噪声水平，采用信噪比达到 3∶1 时的接收灵敏度较为适当，可以直观地反映出仪器的真实测试灵敏度。

5 仪器对电源电压有一个适应范围，当电压在此范围内波动时，仪器的技术指标仍能满足规定的要求。

5.2.4 综合法采用的超声仪由电子元器件组成，检测环境和测试条件如不满足检测要求，就会带来测试偏差。当环境温度低于 0 ℃时，混凝土中的自由水结冰，体积增大，可导致声速值偏高而产生较大的测试误差。当环境温度高于 40 ℃时，超过了仪器例行的使用温度，因电子元件性能改变，也会产生测试误差。

5.2.5 本条规定了换能器的技术要求。大量模拟试验表明，由于超声脉冲波的频散效应，采用不同频率换能器测量的混凝土中声速有所不同，且声速有随换能器频率增高而增大的趋势。当换能器工作频率为(50～100) kHz 时，所测声速偏差较小，故本标准对换能器的工作频率作了限制。换能器的实际频率与标称频率应尽量一致。若实际频率与标称频率差异过大，则测读的声时值会产生较大误差，以致测出的声速值难以反映混凝土的真实强度值。

5.2.6 本条规定了校准和保养的要求。

1 由物理学可知，在常温下空气中的声速值除了随温度变化而有一定变化外，受其他因素的影响很小。因此，用测量空气中声速的方法定期检验仪器性能，是一种简单易行的方法。此方法不仅可检验仪器的计时系统是否可靠，还验证了仪器操作者的声时读取方法是否正确。

2 在声时测量过程中有一个声时初读数，而除了与仪器的传输电路有关外还与换能器的构造和高频电缆长度有关。因此，每次检测时，应先对所用仪器和按需要配置的换能器、电缆线进行测量。

3 为确保仪器处于正常状态，应定期对超声仪进行保养。仪器工作时应注意防尘、防震；仪器应存放在阴凉、干燥的环境中。

5.3 回弹值检测与计算

5.3.1～5.3.2 回弹值检测和数据计算以及超声回弹综合法检测时的测区布置参考了国家现行标准《超声回弹综合法检测混凝土强度技术规程》CECS 02 和《回弹法检测混凝土抗压强度技术规程》JGJ/T 23，并适当引伸。

5.4 超声声速检测与计算

5.4.1 超声测点应布置在回弹测试的同一测区内。当被测构件不具备对测或角测条件时（如地下室外墙面、底板），可采用单面平测法。单面平测的场合每个测区布置一排超声波测点。平测时，两个换能器的连线应与附近钢筋的轴线保持 40°～50°夹角，以避免钢筋的影响。大量实践证明，为使接收信号首波清晰易辨认，平测时测距宜采用（200～500）mm，逐点测读相应声时值 t，用回归分析方法求出直线方程 $l=a+bt$。回归系数 b 即为该测区的平测声速 v_p，角测和平测的具体测试方法见本标准附录 C。

5.4.2 使用耦合剂是为了保证换能器辐射面与混凝土测试面达到完全的面接触，排除其间的空气和杂物。同时，每一测点均应使耦合层尽量薄并保持耦合状态一致，以保证声时测量条件的一致性。

5.4.3 本条对声时读数和测距量测的精度提出了严格要求，以保证声速值计算的准确。

5.4.4～5.4.6 规定了测区混凝土中声速代表值的计算和修正方法。当超声测点在浇筑方向的侧面对测或斜测时，声速不作修正。如只能沿构件浇筑的表面和底面对测时，试验表明，测得的声速偏低，沿此方向测得的声速需要乘以修正系数 1.034。当只能在构件浇筑的表面或底面上单面平测时，对比试验表明平测的声速比对测的声速偏低，此时可在有条件的适当部位由对测声速 v_d 与平测声速 v_p 之比求得修正系数 λ，对平测的声速加以修正。

5.5 混凝土抗压强度的计算与推定

5.5.1 本条规定了上海地区应采用超声回弹综合法测强的曲线。该综合法测强曲线相关系数 $r=0.959$；平均相对误差 $\sigma=6.67\%$；相对标准误差 $e_r=8.98\%$。说明同条文说明第 4.5.1～4.5.2 条。

5.5.2～5.5.5 强度推定方法同本标准第 4.5.3～4.5.6 条。

6 钻芯法检测结构混凝土抗压强度

6.1 主要设备

6.1.1～6.1.5 钻芯机、锯片机、磨平机等取芯检测的主要设备的技术性能直接影响到芯样的质量，影响到样本的标准差，故均应满足相应的技术要求，并应有产品的合格证，计量器具应有校准证书。

6.2 芯样的钻取

6.2.1 对芯样在结构或构件的钻取部位的规定。

6.2.2～6.2.5 钻机的安装和钻取芯样时的注意事项。

6.2.6 芯样的高度及质量不能满足本标准的加工要求时，应重新钻取芯样。芯样应标上清晰的标记。

6.2.8 钻芯后的结构或构件所留下的孔洞应及时进行修补。

6.3 芯样的加工及试件的技术要求

6.3.1 由于粗骨料的最大粒径影响芯样的抗压强度值，国内外试验资料表明，芯样的直径不小于骨料最大粒径的 2 倍可以保证检测的准确性。本标准规定可采用 3 种标称直径的芯样试件，并规定标称直径为 100 mm 且高径比为 1.00 的芯样作为标准芯样试件。

6.3.2 明确抗压芯样试件的高度与直径之比（H/D）宜为 1.00。

6.3.3 对芯样内的钢筋数量作出规定。参照现行行业标准《钻芯法检测混凝土强度技术规程》JGJ/T 384 的要求，当芯样试件标称直径为70 mm 或100 mm 时，每个试件内直径小于 10 mm 的钢筋不得多于 1 根，同时考虑现有的钢筋定位技术手段和小直径钻头的特点，以及钢筋对小直径芯样的影响更敏感等因素，规定芯样试件标称直径为 55 mm 时，每个试件内不得含有钢筋。

6.3.4 锯切后的芯样，应进行端面处理，目前常用的是磨平法和补平法，因上海地区磨平的控制技术日趋稳定，提倡使用磨平法。当遇到试件端面有轻微缺陷时，宜进行补平处理，较低强度等级的芯样试件也可采用补平的处理方法。

6.3.5～6.3.6 芯样试件的尺寸对芯样试验的准确性有很大的影响，因此，试验前对芯样试件尺寸的测量是必要的。参照现行国家标准《混凝土结构工程施工质量验收规范》GB 50204 和现行行业标准《钻芯法检测混凝土强度技术规程》JGJ/T 384 等标准的要求，调整平均直径计算精确至0.1 mm，沿芯样试件高度任一直径与平均直径的差不得超过1.5 mm。当芯样试件尺寸偏差及外观质量超过规定数值时，其测试数据不得计入有效试样。

6.4 芯样试件的试验

6.4.1～6.4.2 芯样试件在自然干燥状态及潮湿状态下抗压强度结果有所不同，故本两条规定了不同状态下的试验条件。

6.4.3 本条规定了芯样试件的抗压试验方法。根据对钻芯法检测结果影响因素的长期研究和分析，发现在抗压试验时，压力机上下承压板与芯样试件的吻合度对抗压强度结果影响很大，通过加装球形支座的方法可以有效地降低试验机承压板的影响，故提出了在压力机承压板上加装球形支座的要求。

6.4.4 混凝土芯样抗压强度换算使用的计算公式，当用硫磺胶泥补平芯样端面时，应进行修正。

6.5 混凝土抗压强度的推定

6.5.2～6.5.3 参照现行行业标准《钻芯法检测混凝土强度技术规程》JGJ/T 384 对按批量检测构件时芯样试件的数量要求。明确了芯样在结构或构件上的抽取办法。

6.5.4～6.5.5 由于抽样检测确定的混凝土推定值与检测批混凝土强度值的真值存在偏差，给出一个推定区间更为合理，即推定区间是对检测批混凝土强度真值的估计区间，符合现行国家标准《建筑工程施工质量验收统一标准》GB 50300 的相关规定。

以检测批混凝土强度推定区间的上限值作为混凝土工程施工质量的评定界限，符合现行国家标准《建筑工程施工质量验收统一标准》GB 50300 关于错判概率不大于 0.05 的规定。置信度、样本容量判断等要求引用了现行行业标准《钻芯法检测混凝土强度技术规程》JGJ/T 384 的相关规定。

6.5.6 钻芯法检测时，芯样试件强度样本的标准差一般较大。但对波动较大的检测数据，应按照现行国家标准《正态样本异常值的判断和处理》GB/T 4883 或其他标准的规定执行，不得随意剔除。

6.5.7～6.5.9 规定了混凝土抗压强度推定值的确定原则。